稗草幼苗

稗草成株

金狗尾草幼苗

金狗尾草成株

金狗尾草穗

绿狗尾草成株

绿狗尾草穗

马唐幼苗

马唐成株

野黍幼苗

芦苇成株

苍耳幼苗

苍耳幼株

苍耳果实

刺儿菜幼株

刺儿菜成株

苣荬菜成株

藜成株

苣荬菜幼苗

藜幼苗

本氏蓼幼苗

本氏蓼幼株

卷茎蓼幼苗

卷茎蓼成株

反枝苋幼苗

反枝苋成株

鼬瓣花花序

铁苋菜幼苗

水棘针幼苗

水棘针成株

苘麻幼苗

苘麻幼株

苘麻果实

马齿苋幼苗

马齿苋成株

马齿苋花

野西瓜苗幼苗

野西瓜苗花及果实

问荆幼苗

问荆成株

龙葵幼苗

龙葵成株

龙葵果实

打碗花幼苗

打碗花成株

鸭跖草幼苗

鸭跖草成株

鸭跖草花